DES BATEAUX A VAPEUR

INEXPLOSIBLES

DE M. GACHE AINÉ,

Ingénieur-Mécanicien

A NANTES.

NANTES,

IMPRIMERIE MERSON, RUE NOTRE-DAME, 3.

1842.

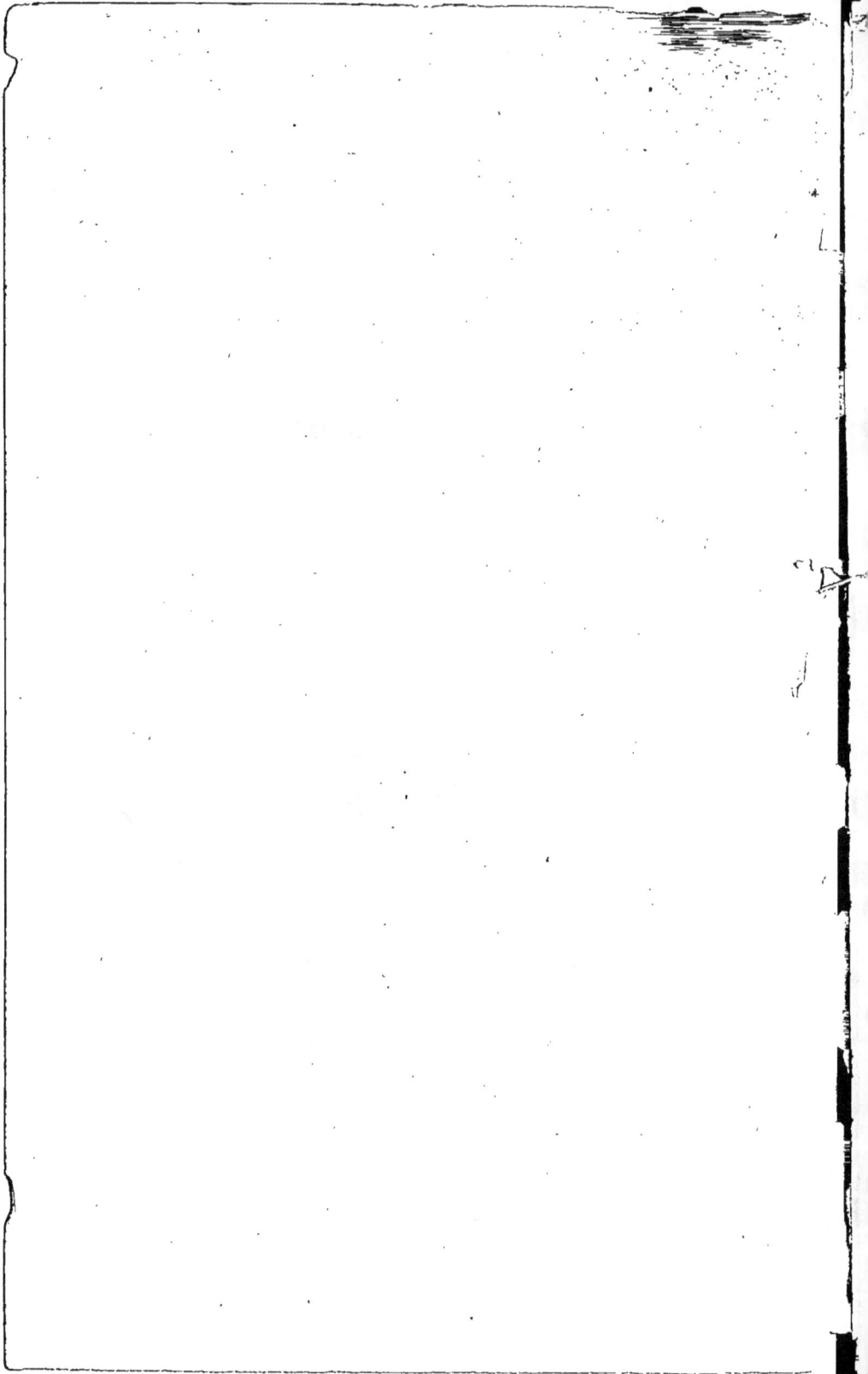

DES BATEAUX A VAPEUR

INEXPLOSIBLES

DE M. GACHE AINÉ,

Ingénieur-Mécanicien

A NANTES.

NANTES,

IMPRIMERIE MERSON, RUE NOTRE-DAME, 3.

1842.

RAPPORT

sur

LE BATEAU A VAPEUR

INEXPLOSIBLE

LE PAPIN.

Messieurs,

Lorsque dans cette même enceinte, en 1836,
un savant ingénieur, notre collègue, vous apportait le fruit de ses longues et patientes in-
vestigations sur le régime de la Loire, il vous
signalait l'importance d'un système de navigation qui permît le transport des voyageurs et
des marchandises, malgré le peu de profon-

1842

deur de notre fleuve. Beaucoup de bons esprits, préoccupés de l'importance de ce sujet sur l'avenir de la ville de Nantes, désespérèrent de voir cette grave question se résoudre jamais. Un seul parvint, après de laborieuses recherches, à fonder un système complet et raisonné de constructions pour ce cas difficile.

L'*Emeraude* parut avec son tirant d'eau de $0^m 25$ sous une charge de 80 voyageurs. Le problème était résolu : notre rapport du 10 janvier 1838, qui vous fut présenté par M. Lorieux, ingénieur des mines, constata la réussite obtenue. Le succès fut tel qu'il détermina sur-le-champ la formation d'une première société en commandite, au capital de 800,000 f. pour exploiter la Loire jusqu'à Orléans, et d'une seconde pour la distance de cette ville à Nevers; ce qui forme un parcours de 124 lieues, la plus longue ligne de navigation fluviale de France.

Ce même rapport vous annonçait la construction de huit autres bateaux du même auteur, qui devaient offrir encore de grandes améliorations dans le système qu'il avait adopté.

Le dernier construit porte le grand nom de PAPIN, et vient d'être inauguré à Blois, patrie de notre célèbre compatriote. C'est de ce bateau, qui résume tous les perfectionnements successivement introduits sur les autres qui l'ont précédé, que je dois vous entretenir.

Et, d'abord, constatons nettement les difficultés que la solution de ce problème de navigation a vaincues. La Loire présente dans son cours une série de plateaux inclinés, dont le sable est sillonné par un chénal changeant sans cesse de direction, ce qui rend impossible la navigation des transports de marchandises par le moyen du halage, comme cela se pratique sur les autres fleuves, et réduit cette navigation à celle des bateaux à voiles ou à vapeur.

Mais pour que cette navigation ait lieu en tout temps, il faut que ces bateaux ne tirent pas plus de 0.^{m} 30 d'eau.

Pour le transport des voyageurs, les conditions sont les mêmes; et déjà ce faible tirant d'eau est impossible à obtenir dans les conditions habituelles de nos bateaux et de nos machines à vapeur, françaises ou anglaises.

Les sinuosités du chenal navigable et son

peu de largeur, sont des obstacles non moins grands. En effet, pour obtenir un faible tirant d'eau, il faut, avant tout, développer une vaste surface de contact ; et, comme cette surface est limitée par la largeur du chenal, il faut bien la développer en longueur.

Mais alors un obstacle nouveau naît de cette nécessité : c'est l'élasticité du bateau et la flexion qui va résulter du poids de la machine sur une si grande longueur.

Vous savez, Messieurs, avec quel bonheur M. Gâche sut vaincre ces difficultés. Le rapport déjà cité vous fit connaître que la mince carcasse de tôle de l'*Emeraude*, présenta toute la légèreté, unie à la solidité voulue, au moyen d'un système de bandes de fer plat, opposant, par un savant calcul, une résistance considérable à la force qui tendait à produire la flexion, et que la machine de douze chevaux de ce bateau, fut réduite à un poids jusqu'alors inconnu, celui de 3,335 kilog., y compris sa chaudière chargée de 800 kilog. d'eau.

Les machines du système de M. Gâche sont à sous-basse pression et à condensation. Nous entendons par sous-basse pression, un appareil travaillant sous une pression de 1/9 d'atmosphère, c'est-à-dire, dont la force de vapeur fait équilibre à une colonne de mercure d'environ 8 centimètres et demi. Cette dénomination sert à les distinguer des machines ordinaires, dites à basse-pression, qui travaillent sous une pression d'un quart d'atmosphère ; soit une colonne de mercure de 19 centimètres.

MACHINE.

La machine, proprement dite, est à condensation et à expansion, et de la force de 20 chevaux ; le cylindre et le condenseur, placés verticalement et parallèlement, à une distance de 0.^{m}34, servent de base aux deux paliers des arbres des roues à aubes, qui ont eux-mêmes, pour second point d'appui, les parois du bateau.

Le balancier, qui appartient à la classe des leviers du second genre, s'emmanche directement à la tige du piston par une de ses extrémités ; l'autre s'appuie sur un support mobile. Ce support permet à deux petites bielles,

fixécs , d'un côté, sur les paliers des arbres ,
et, de l'autre, sur le balancier, de faire osciller
ce dernier suivant la courbe qu'elles décrivent,
courbe qui détermine la verticalité de la tige
du piston.

D'un point du balancier rapproché de la
tige du piston , et correspondant au centre de
la distance qui existe entre le cylindre et le
condenseur, part une grosse bielle à l'extrémité de laquelle s'insèrent deux autres plus
petites qui passent de chaque côté du balancier, et impriment, à l'aide de deux manivelles,
le mouvement de rotation aux arbres des
roues à aubes.

La tringle de la pompe à air, celle de la
pompe alimentaire et de celle qui vide l'eau
du bateau, s'attachent également sur le balancier.

Il résulte de ces heureuses dispositions, que
les pièces lourdes disparaissent ici en grande
partie ; un seul balancier en remplace deux ;
toutes les parties de la machine s'attachant à
ce balancier , tous les thés des machines ordinaires à bateau, deviennent inutiles, et une
seule bielle suffit au lieu de deux à chaque
transmission de mouvement.

Mais, malgré cette ingénieuse simplification de l'appareil , il fallait encore réduire le poids des pièces elles-mêmes de plus de moitié, pour obtenir la légèreté voulue par le tirant d'eau nécessaire. Pour obtenir ce résultat, M. Gâche a supprimé la fonte partout , excepté pour le cylindre seul : le condenseur, les pompes, les paliers, le balancier, les arbres, les manivelles, généralement toutes les pièces sont en tôle. Si dans quelques parties, il admet le fer, il est alors façonné de manière à ne pas avoir plus d'épaisseur que la tôle elle-même.

Nous avons dit que la machine était à expansion : la vapeur n'est introduite dans le cylindre que pendant les 2/3 de la course du piston , à l'aide d'une soupape d'un nouveau genre, qui sert en même temps de soupape de mise-en-train.

Dans les machines ordinaires à bateau, on admet rarement les moyens d'expansion, parce qu'il est difficile de se débarrasser simultanément de ce système, lorsqu'on est obligé de battre en arrière , ce mouvement rétrograde devant toujours se faire avec promptitude; on perd alors le seul moyen de réduire la consommation du combustible.

Le mécanisme qui, dans l'appareil de M. Gâche, soulève, en temps voulu, la soupape d'expansion, est un simple levier dont le centre de mouvement est mobile, et qui devient alternativement, selon les différentes positions qu'on fait prendre au centre de mouvement, levier du premier genre ou levier du second genre. Ce changement, qui se fait avec une rapidité étonnante, permet de faire marcher la machine avec expansion, sans expansion, de varier sa vitesse avec expansion, arrêter et mettre en train, à volonté. Tous ces mouvements s'exécutent avec une facilité, une régularité véritablement remarquables.

Enfin, tout est prévu : une éprouvette indique à tout moment le vide du condenseur, lequel soutient une colonne de mercure de $0^m.70$. L'eau, tirée du fond du bateau, est jetée dans les cendriers des fourneaux, d'où, vaporisée par le calorique des fonds, elle augmente la combustion dans le foyer.

Des carlingues et des varangues en fer lient la machine au fond du bateau de la manière la plus solide, de sorte que, malgré la légèreté de l'appareil, aucune vibration ne se fait sentir lorsqu'il fonctionne.

La chaudière est en cuivre de 0.^{m} 002 d'é-
paisseur ; sa forme est celle d'un rectangle
terminé, à sa face supérieure, par une courbure
ayant 0.^{m} 39 de flèche. Dans l'intérieur de ce
rectangle sont compris 4 carneaux, dont deux
portent les foyers, les deux autres servant de
conduit de retour à la flamme qui, à leur issue,
s'élance dans la cheminée dont la section est
égale à la somme des ouvertures des deux
carneaux.

Pour donner à la surface de la chaudière
qui reçoit directement l'action de la chaleur,
toute la solidité nécessaire, l'auteur a eu l'idée
ingénieuse de plier cette surface en rigoles
formant nervures dans le sens de la longueur; ce qui présente le double avantage
d'un plus grand développement sous un
même volume, et d'une résistance beaucoup plus grande que celle qu'eût présentée
une surface plane. Les parois de cette chaudière sont liées entre elles par des tirants en
cuivre qui résistent à la flexion produite par
les dilatations et contractions successives du
métal.

Un trou d'homme, pratiqué au sommet de
la chaudière, permet de s'y introduire pour

la nettoyer et en inspecter toutes les parties.
Enfin l'eau qu'elle renferme baigne, à une
hauteur de 0.^{m} 10, la face supérieure des conduits. Un niveau d'eau, un manomètre et une
soupape de 18 centimètres de diamètre, sont
joints à l'appareil.

En dessus de la chaudière, et sur son côté
gauche, s'élève un tube en cuivre courbé en
syphon et ayant 0.^{m} 18 de diamètre. Ce tube
plonge, par une de ses branches, dans l'eau
de la chaudière, et s'arrête à 0.^{m} 05 au-dessus
de la surface cannelée. À l'extérieur de la chaudière et à une hauteur de 1.^{m} 40, il se recourbe, descend parallèlement à sa tige plongeante
jusqu'au-dessus de la flottaison du bateau, de
manière à se trouver en communication libre
avec l'atmosphère. Il résulte de cette disposition, qui ne pouvait exister qu'en raison de la
faible pression de la vapeur dans la chaudière,
que, si la tension de cette vapeur s'élève de
manière à atteindre seulement 0.^{m} 14 de la
pression atmosphérique, l'eau est lancée par
l'extrémité ouverte du tube, à l'extérieur du
bateau, jusqu'à ce que l'abaissement du liquide dans la chaudière devienne tel, que
l'autre branche du tube ne plonge plus dans

le liquide. Dans ce cas, la vapeur rencontrant une libre issue, s'échappe, et la machine s'arrête.

Ce fait prouve 1.º que le chauffeur ne peut, en aucun cas, augmenter la tension de la vapeur dans la chaudière, puisque le mécanisme du tube est indépendant de lui, et que cette sorte de soupape de sûreté ne peut être ni dérangée ni surchargée ; 2.º que dans le cas d'un abaissement du niveau d'eau par défaut d'alimentation, la vapeur s'échappant par le tube ouvert, prévient cette négligence tout en laissant la surface chauffée recouverte de 3 ou 4 centimètres d'eau. C'est un ingénieux moyen de contrôle offert à toutes les personnes qui sont à bord du bateau, et qui prévient d'une manière certaine toutes les explosions qui ordinairement proviennent de l'ignorance où est le chauffeur de l'état de sa chaudière.

Enfin, pour qu'il ne reste aucun inconvénient à craindre du dérangement accidentel de la pompe alimentaire, cette pompe est disposée de manière à jeter son eau dans un réservoir ouvert qui montre sans cesse l'effet de l'injection, et permet de s'assurer de sa constante régularité.

Maintenant, pour apprécier à sa valeur la qualification d'*Inexplosibles* appliquée aux chaudières dont je viens de donner la description, examinons les diverses causes d'explosion signalées par l'expérience. Nous admettons avec Perkins et Marestier deux genres d'explosions. Les unes produites par l'augmentation graduelle de la force expansive de la vapeur; les autres provenant d'une augmentation subite de tension, où d'une production instantanée d'une énorme quantité de vapeur.

Les premières peuvent être prévenues par les moyens ordinaires, tels que les soupapes de sûreté; mais tous les moyens connus jusqu'à ce jour paraissent impuissants à empêcher les secondes.

Or, d'après les deux célèbres expérimentateurs que nous venons de citer, les explosions proviennent le plus souvent d'un abaissement momentané de tension de la vapeur dans les chaudières, lorsque, par défaut d'alimentation, une partie des parois laissée à découvert, et ne servant plus à la formation de la vapeur, s'est trouvée portée à la température rouge, par l'obligation où se trouve le chauffeur de pousser le feu avec plus de force pour tirer du reste de la chaudière toute la vapeur dont il a besoin. Dans ce cas, si on soulève une soupape de sûreté, si on ouvre brusquement un robinet de mise en train, disent ces auteurs, l'eau restant dans la chaudière et ne subissant plus la pression qui l'obligeait à rester à l'état liquide, se gonfle tumultueusement; son volume s'augmente de celui des nombreuses bulles de vapeur qu'elle renferme; elle s'élève, déborde en bouillonnant sur les parois portées au rouge, et une énorme masse de vapeur se produisant instantanément, l'explosion a lieu.

Nous admettons cette cause d'explosion, parce qu'elle concorde avec des faits nombreux et bien observés, et nous remarquons que cet effet n'est pas possible avec les chaudières de M. Gâche, puisque, 1° s'il y a abaissement d'eau dans la chaudière, et qu'il en reste moins de 0ᵐ 5 baignant les carneaux, la vapeur sort par le tube, et toute action mécanique cesse; 2° si le dessus des carneaux pouvait être à découvert et devenir rouge, comme, au moyen du tube, aucune tension supérieure à l'atmosphère ne peut s'établir dans la chaudière, il est évident qu'aucun abaissement de cette tension ne pourra s'effectuer, et que, par conséquent, la vaporisation tumultueuse dont nous avons parlé plus haut ne peut avoir lieu.

En supposant même que les carneaux rougis fussent recouverts d'eau, soit par oscillation, soit que l'on y injectât de l'eau froide à l'aide de la pompe de secours; dans ce cas encore l'explosion ne pourrait pas avoir lieu: un calcul bien simple démontre cette négation.

La surface supérieure des carneaux est de 2 70; le cuivre à 0 002 ^{m} d'épaisseur; en admettant que la moitié de cette surface fût incandescente, elle ne pourrait produire que 7,350 litres de vapeur instantanée qui ne donnerait pas 1/4 d'atmosphère de pression, dans la chaudière privée de son tube de sûreté, puisque la capacité du réservoir à vapeur est de 6,240 litres.

C'est donc avec raison que le nom d'*Inexplosibles* a pu être donné aux chaudières de M. Gâche, puisque toutes les causes d'accidents qui nous sont connues sont évitées par leur conformation.

Messieurs, c'est par tout cet ensemble de conditions si heureusement remplies, que le bateau le *Papin* franchit avec vitesse les passes difficiles du chenal le moins profond , en déplaçant, avec sa charge, **26 cent.** d'eau seulement.

D'après ces détails, Messieurs , il est permis de regarder comme résolu le problème de la grande navigation de la Loire par les basses eaux. Et quand on considère que les trois conditions de légèreté et de solidité du bateau, d'inexplosibilité de la chaudière, de la réforme complète de la machine, ont été remplies de manière à joindre à la sécurité publique les avantages résultant d'un service que ne peuvent interrompre les causes ordinaires de retard, il faut féliciter M. Gâche d'avoir si heureusement vaincu de pareilles difficultés. Son œuvre prouve en lui une entente profonde des travaux de la mécanique , et un esprit d'observation qui sait, sans faux amour-propre, corriger, rectifier sa pensée, avec cette ténacité qui a fait dire :

LE GÉNIE, C'EST LA PATIENCE.

Le présent rapport fait et approuvé par

nous membres de la commission , sous-signés.

Nantes , le 7 août 1839.

FERDINAND FAVRE , *Maire de Nantes.*
DE VILLARSY, *Inspecteur des Douanes.*
LAFONT fils , *Constructeur.*
A. LELOUP, *Professeur de chimie, rapporteur*

EXTRAIT

D'UNE

DES LEÇONS PUBLIQUES

DE

CHIMIE APPLIQUÉE AUX ARTS,

PAR M. PETIT,

Professeur de Sciences physiques au Collége royal d'Orléans.

M. Arago a dit : *Les machines à vapeur pourront être considérées comme le chef-d'œuvre de l'industrie humaine lorsqu'on sera parvenu, soit à rendre tout-à-fait impossibles les explosions qu'aujourd'hui elles éprouvent quelquefois, soit du moins à empêcher, par des voies certaines, que ces accidents ne donnent lieu aux scènes de destruction et de mort qui les signalent trop souvent.*

M. Gâche me paraît avoir résolu ce beau problème d'une mainère complète, par l'heureuse application qu'il a su faire, aux chaudiè-

2

res de ses bateaux à vapeur, de l'ingénieux et simple appareil employé dans les laboratoires pour prévenir les explosions, et connu sous le nom de *tube de sûreté*. Aussi est-ce à juste titre que les bateaux à vapeur de M. Gâche portent le nom d'*Inexplosibles*.

Pour vous le faire comprendre, je crois devoir entrer d'abord dans quelques détails sur les diverses causes d'explosion des chaudières à vapeur, et je vous montrerai mieux ensuite comment l'appareil de M. Gâche peut, dans tous les cas, prévenir le danger.

La chaudière d'une machine à vapeur est un vase métallique fermé, contenant de l'eau, et soumis à un foyer de chaleur. L'eau échauffée fournit de la vapeur dont la force élastique va croissant toujours et très-rapidement, à mesure que la température s'élève. Or, le vase, quelque résistantes que fussent ses parois, volerait bientôt en éclats, si une ouverture ne permettait, au bout d'un certain temps, à la vapeur de s'échapper à mesure qu'elle se forme, et n'apportait ainsi une limite à l'accroissement de sa force élastique. Pendant que la machine est en marche, la vapeur passe bien, il est vrai, dans le corps de pompe où

elle met le piston en mouvement, et de là s'é-
chappe dans le condenseur ou dans l'air; et
la résistance des parois de la chaudière est
toujours calculée de manière à être de beaucoup supérieure à la force élastique nécessaire pour produire le mouvement. Mais il est
impossible de régler le degré de chaleur produit par le foyer, de manière à être sûr que la
quantité de vapeur dépensée à chaque instant par la machine, sera justement égale à
l'excès de vapeur qui peut être fourni par la
chaudière. De plus, il y a des instants de re-
pos pour la machine, pendant lesquels la vapeur se formant toujours, ne passe plus dans
le corps de pompe, comme, par exemple, les
moments où les bateaux à vapeur s'arrêtent
aux escales. On doit donc toujours supposer
que la chaudière peut renfermer, de temps à
autre, de la vapeur ayant une force élastique
supérieure à la résistance de ses parois, et capable de les faire éclater.

On est conduit alors à ménager sur les parois de la chaudière des ouvertures qui, de-
venant libres longtemps avant que la vapeur
ait acquis une force dangereuse, la laissent
échapper sans lui permettre d'atteindre cette

limite. Ces ouvertures doivent d'ailleurs rester fermées pendant tout le temps que la vapeur n'a que la force nécessaire à l'effet utile. Telles sont les soupapes de sûreté imaginées par Papin. Elles se composent d'un trou sur lequel est simplement déposée une plaque métallique chargée d'un poids qui sera soulevé dès que la force élastique de la vapeur deviendra prédominante, et il suffit de régler convenablement ce poids. Telles sont encore les ouvertures fermées par des rondelles d'un métal fusible qui fond, dès que la vapeur acquiert une température trop élevée, et il suffit de régler convenablement la température de fusion du métal.

L'emploi de ces moyens de sûreté semblerait devoir suffire pour faire disparaître tout danger. Et cependant comment se fait-il que le récit d'explosions accompagnées des plus affreux malheurs, vienne encore si souvent jeter la terreur dans les esprits, et faire presque mettre en doute si l'invention des machines à vapeur, quelque admirable qu'elle paraisse, n'est pas un présent plus funeste qu'utile.

Pour que les soupapes de sûreté puissent

mériter leur nom, il faut non-seulement qu'elles s'ouvrent dès que la vapeur acquiert une
tension plus grande que celle qui est nécessaire à la marche de la machine, mais il faut
aussi qu'elles livrent un passage assez grand
pour permettre à tout l'excès de vapeur de
s'échapper. Sans cela, comme il sortirait dans
un temps donné moins de vapeur qu'il ne s'en
forme, la force élastique de la vapeur irait
toujours croissant et l'on se retrouverait dans
les mêmes conditions de danger. L'ouverture
de la soupape retardera l'explosion, mais ne
pourra l'empêcher d'avoir lieu, surtout si les
circonstances sont telles qu'il se forme rapi-
dement une grande quantité de vapeur douée
d'une grande force élastique. Et réellement on
peut dire que, dans les machines à haute pression, on s'en tient toujours à de trop petites
dimensions pour les ouvertures des soupapes
qui n'offrent en général que quelques centimètres carrés de surface; on se laisse trop
préoccuper par des difficultés d'ajustement et
par la grandeur du poids qu'il faudrait em-
ployer.

Mais, avant tout, il faut que la soupape
puisse s'ouvrir. Or, si l'on n'a pas le soin de la

nettoyer, de l'ouvrir et de la faire jouer de temps en temps, il arrive que, par suite de cette négligence impardonnable, la plaque mobile qui la ferme se rouille et contracte une adhérence avec les bords de l'ouverture sur laquelle elle est ajustée. Alors il n'y a réellement plus de soupape. Il arrive aussi que les ouvriers auxquels le soin de la soupape est abandonné, sont assez imprudents pour la surcharger, afin d'accélérer le travail de la machine ; et combien de malheurs n'ont eu d'autre cause que cette imprudence! Aussi toute chaudière doit-elle être munie de deux soupapes, l'une qui reste sous la main des ouvriers, l'autre qui, entourée d'une grille fermée à clef, se trouve hors de toute atteinte.

Les rondelles fusibles ne semblent pas sans doute présenter ces inconvénients, puisque, en fondant, elles laissent toujours complétement libre l'ouverture qu'elles fermaient, et que les ouvriers ne peuvent les surcharger. Leur efficacité semble donc à l'abri et du défaut de soin et de l'imprudence des ouvriers; oui, quand ils ne l'empêchent pas de chauffer en y faisant tomber un filet d'eau froide.

Mais il est malheureusement des circonstances dans lesquelles l'ouverture de la soupape, ou la fusion de la rondelle, en laissant échapper la vapeur, devient, par cela même, une cause d'explosion. C'est ce qui a lieu lorsque, par défaut de soin et de surveillance, les parois de la chaudière s'échauffent au point de rougir.

Si la flamme et l'action directe du foyer ne portent que sur des parties de la chaudière recouvertes intérieurement par de l'eau, la chaleur communiquée au métal étant continuellement absorbée par l'eau et la vapeur qu'elle fournit, ce métal ne saurait s'échauffer plus que l'eau elle-même et ne peut devenir incandescent. Il n'y a que dans le cas où le foyer agirait directement sur les parois de la chaudière qui se trouvent au-dessus du niveau intérieur de l'eau et ne sont plus recouvertes par ce liquide, que ces parois pourraient rougir. Or, comme toujours le niveau de l'eau dans la chaudière est élevé au-dessus de la limite de la surface de chauffe, il semble que ce résultat ne soit jamais à craindre. Mais à mesure que la vapeur se forme et se dépense, le niveau d'eau baisse, et la chaudière se viderait complétement si une pompe, qu'on

nomme pompe alimentaire , ne venait constamment apporter une nouvelle quantité d'eau
pour remplacer celle qui s'est évaporée. Ce
n'est donc que par un défaut de la pompe,
alimentaire que le niveau peut baisser dans
la chaudière , assez pour que la surface de
chauffe soit découverte intérieurement et rou-
gisse. Dans ce cas , ordinairement la force
élastique de la vapeur semble diminuer, la
machine se ralentit , et les ouvriers , attribuant ce ralentissement à un refroidissement
du foyer, poussent le feu plus activement et ne
font qu'augmenter le danger. Alors si une
soupape vient à s'ouvrir, si une rondelle fusible vient à fondre , la vapeur s'échappant
avec violence , l'eau moins pressée à la
surface s'élève , monte avec une vive ébullition; et, projetée sur une surface métallique
rouge , fournit instantanément une grande
masse de vapeur très-élastique. L'ouverture
trop petite de la soupape ou de la rondelle ne
peut livrer passage à toute cette masse de vapeur , et la chaudière éclate.

On a encore attribué à une autre cause ces
explosions subites, épouvantables, qui se pro-
duisent, lorsque quelques portions de la chau-

dière deviennent rouges. On a pensé que la vapeur d'eau décomposée par un contact avec le métal incandescent, formait de l'hydrogène qui remplissait la chaudière, et que ce gaz mêlé avec de l'oxigène provenant de l'air amené par l'eau d'alimentation, ou s'introduisant peut-être au moment de l'ouverture de la soupape, formait un mélange détonnant, auquel les parois incandescentes ou même une étincelle électrique pouvaient mettre le feu. Et pour ce qui est relatif à l'étincelle électrique, il est bien démontré aujourd'hui que les chaudières, pendant la formation de la vapeur, sont chargées d'électricité, au point que les chauffeurs, en touchant à la soupape, en ont tiré de vives étincelles et en ont reçu des commotions. Mais quoiqu'il en soit de la formation de ce mélange détonnant et de la cause qui en détermine l'inflammation, phénomènes qui auraient encore besoin d'être étudiés sérieusement, admettant cette cause d'explosion comme vraie, il n'en est pas moins vrai aussi qu'elle ne pourra se présenter que dans les chaudières en fonte ou en fer, et jamais dans les chaudières en cuivre, puisque le cuivre ne décompose l'eau à aucune température.

Enfin il arrive quelquefois qu'un refroidissement subit, dû à une injection d'eau froide ou à une cessation de l'action du feu, donne lieu, dans les chaudières, à une condensation subite de la vapeur; alors il s'y fait un vide, et la pression extérieure de l'air peut produire, de dehors en dedans, un écrasement qui, de même que les explosions, peut entraîner les plus graves accidents. On y remédie en plaçant sur la chaudière une soupape qui s'ouvre de dehors en dedans, en sens contraire, par conséquent, des soupapes dont j'ai parlé jusqu'ici. Si donc un vide intérieur se produit, si la pression atmosphérique l'emporte sur la pression intérieure, cette soupape, pressée par l'air, s'ouvre, et l'air, en rentrant, rétablit la pression intérieure et empêche l'écrasement. Les ouvriers ont donné à cette soupape le nom de *Reniflar*.

Voyons maintenant comment la construction des chaudières de M. Gâche, et la disposition de son tube de sûreté, peuvent obvier à tout, prévenir tous les dangers, apporter une sécurité complète et donner une foi entière dans le nom d'inexplosibles que portent ses bateaux.

La chaudière est en cuivre et présente déjà une résistance, une ténacité plus grande, plus uniforme que si elle était en fonte. La résistance, la ténacité du cuivre est aussi bien moins susceptible d'altération, de variations inégales, sous l'influence des températures si diverses auxquelles les chaudières sont successivement soumises dans leurs différents points.

La chaudière a la forme d'un rectangle allongé. Sa face supérieure est arrondie en dôme, son fond inférieur se replie en bas, verticalement, dans toute sa longueur, cinq fois sur lui-même, en se relevant immédiatement, de manière à former cinq cloisons verticales, parallèles. Ces espaces constituent quatre carneaux dont les deux extrêmes forment les foyers, et les deux servent de retour à la flamme et à la fumée qui revient sur le devant, s'échapper dans une large cheminée, ouverture égale à la somme des ouvertures des foyers.

Les cloisons verticales des carneaux, formés par les replis de la chaudière, sont creuses : leurs cavités ne sont que des prolongements de la chaudière elle-même ; et, toujours remplies d'eau, elles font pour ainsi dire fonction de bouilleurs.

Les parois du fond de la chaudière qui forment les voûtes des carneaux, sont elles-mêmes repliées en rigoles, parallèles aux cloisons verticales ; ce qui offre l'avantage, tout en donnant un plus grand développement à la surface de chauffe, de présenter une plus grande résistance.

Le combustible et la flamme se trouvant toujours enfermés entre les replis du fond de la chaudière, sans pouvoir s'élever sur les côtés, on voit qu'on n'aura jamais à craindre de chauffer directement des surfaces non recouvertes par l'eau, et par conséquent de faire rougir les parois de la chaudière, lors même que l'alimentation cesserait quelques instants et que le niveau de l'eau baisserait ; à moins toutefois que la chaudière ne se vidât complétement et que la surface supérieure des carneaux qui forme le fond ne fût mise à découvert. Ce cas extrême n'est guère présumable, ou il faudrait supposer de la part du chauffeur une incurie complète. Un tube en verre, en dehors et sur le devant de la chaudière, montre constamment la hauteur du niveau de l'eau, et la pompe alimentaire vient d'ailleurs verser l'eau d'alimentation dans un large tuyau ouvert au dehors, au-dessus de la chaudière, où l'on peut voir sans cesse l'effet de l'injection et s'assurer de la marche régulière de la pompe.

Mais d'ailleurs, en supposant même ce cas extrême, il ne peut en résulter aucun danger d'explosion ; les détails qui suivent le feront, j'espère, facilement comprendre.

Les machines de M. Gâche ne sont pas seulement des machines à basse pression, mais bien, comme on l'a exprimé par un nouveau mot des machines à *sous-basse* pression. Elles ne marchent qu'à 1/9e d'atmosphère, c'est-à-dire que, pour la marche complète de la machine, il suffit que la force élastique de la vapeur dans la chaudière, surpasse la pression atmosphérique de 1/9e d'atmosphère, ou d'une force capable de soulever seulement une colonne d'eau de 1 mètre 17, la pression que l'air exerce ordinairement sur nous pouvant soulever une colonne d'eau de 10 mètres 40. Si la force élastique de la vapeur était d'une atmosphère seulement, les parois de la chaudière se trouveraient également pressées en dedans par la vapeur et en dehors par l'air, et, par conséquent, elles seraient comme si elles n'étaient soumises à aucune pression. Puisque, pour la marche de la machine, la force élastique de la vapeur doit être égale à une atmosphère et 1/9e, les parois de la chaudière sont pressées de dedans en dehors par une force qui est la même que si elles avaient seulement à soutenir une colonne d'eau de 1 mètre 06. On conçoit donc que si jamais cette élasticité n'était dépassée, jamais on n'aurait à craindre que la chaudière éclatât sous l'influence d'une aussi faible pression, et les parois n'auraient pas besoin pour cela d'être douées d'une bien grande résistance. Or, c'est justement le résultat auquel on arrive au moyen de l'appareil suivant.

Sur la gauche de la partie supérieure de la chaudière s'élève un gros tube de cuivre, de 0 mètre 18 de diamètre intérieur, qui s'enfonce dans la chaudière verticalement et plonge au-dessous du niveau de l'eau à 0 mètre 10, ou les deux tiers de la hauteur totale de l'eau. Là il présente à 0 mètre 05 au-dessus du fond de la chaudière, une ouverture libre de 254 centi-

mètres carrés de surface. Ce tube, après s'être
élevé au dehors de la chaudière, à une hauteur
de 1 mètre 40 au-dessus du niveau intérieur
de l'eau, se recourbe et va descendre et s'ouvrir dans l'air, sur le côté du bateau. C'est là
ce qui constitue le tube de sûreté, qui présente
en effet un moyen de sûreté réel, toujours efficace, et ne laissant dans aucun cas aucune
chance de danger.

Ce tube étant ouvert à ses deux extrémités,
l'une extérieure, l'autre à 0 mètre 10, sous le
niveau de l'eau dans l'intérieur de la chaudière,
laisse par son ouverture extérieure l'air presser
librement sur cette eau. Si donc l'élasticité de
la vapeur n'était que d'une atmosphère, le niveau de l'eau serait à la même hauteur dans
la chaudière et dans le tube. Si l'élasticité de
la vapeur augmente, l'eau sera nécessairement
soulevée dans le tube par ces excès de pression.
Par conséquent, lorsque pour la marche de la
machine, la force élastique de la vapeur aura
acquis une force d'une atmosphère et 1/9,
l'eau s'élèvera dans le tube à 1 mètre 06. L'é-
lévation sera plus petite ou plus grande, suivant que la force élastique de la vapeur deviendra plus petite ou plus grande. De sorte

que la colonne d'eau qui s'élève dans le tube,
sera un indicateur fidèle qui révélera toujours
parfaitement toutes les variations que la force
de la vapeur subira, soit qu'elle augmente, soit
qu'elle diminue, sans qu'on puisse jamais con-
cevoir le moindre soupçon sur son défaut de
soin ou d'exactitude.

Bien mieux, le tube de sûreté veillera constamment lui-même à ce que jamais la force de
la vapeur ne dépasse la limite que vous avez
fixée. Car ce tube étant recourbé à une hauteur de 1 mètre 40 au-dessus du niveau de
l'eau de la chaudière, d'où il descend s'ouvrir
dans l'air, dès que la pression tentera de dé-
passer 1/9 d'atmosphère, l'eau soulevée dans
le tube dépassera sa courbure, s'élancera au
dehors, et bientôt le niveau de l'eau de la
chaudière s'abaissant au-dessous de l'orifice
intérieur du tube de sûreté, la vapeur s'é-
chappera par cette large ouverture formant
une soupape libre de 254 centimètres carrés
de surface. Il est évident qu'alors la force élastique de la vapeur, loin de pouvoir augmenter,
ne fera que diminuer, et que la machine s'ar-
rêtera.

Mais, quelque large que soit l'orifice d'é-

coulement offert à la vapeur, ne pourrait-on
pas craindre que si une grande masse de vapeur venait à se former instantanément dans
la chaudière, au moment où l'orifice du tube
se découvrirait, cet orifice ne pût pas suffire
à la sortie de toute cette vapeur, et qu'une
explosion n'eût lieu ? Quelle pourrait donc
être la cause de cette formation subite de vapeur ? l'incandescence des parois de la chaudière par une baisse du niveau de l'eau. Mais
vous savez que cette incandescence est impossible, puisque le feu enfermé au-dessous de la
chaudière n'agit directement que sur la face
inférieure. Et comme le tube de sûreté s'ouvre
à 0 mètre 05 au-dessus de cette face, son orifice sera libre longtemps avant que le fond de
la chaudière soit découvert.

Peut-il se former un mélange détonnant de
gaz hydrogène et d'air ? eh non ! la chaudière
est en cuivre.

Enfin si la force élastique de la vapeur, au
lieu d'augmenter, venait à diminuer au contraire subitement, s'il se faisait un vide dans
la chaudière, l'air extérieur pourrait-il produire un écrasement des parois ? Pas davan-
tage ; le tube de sûreté prévoit tout, prévient

33

tout. L'air extérieur, pressant sur le niveau de l'eau dans ce tube, abaisserait cette eau, la ferait remonter dans la chaudière, et l'air, s'y précipitant en même temps, remplirait le vide et rétablirait l'équilibre de pression. Le tube de sûreté fait fonction de *reniflar*.

Ainsi, vous le voyez, le tube de sûreté de M. Gâche est une large soupape de sûreté parfaitement mobile, toujours en mouvement, toujours prête à agir et agissant toujours; une soupape qu'on ne peut surcharger, altérer en aucune façon, une soupape qui non-seulement vous avertit constamment du degré de force de la vapeur, et l'empêche toujours d'atteindre une limite dangereuse, mais encore vous mettrait vous-même dans l'impossibilité de faire croître la force élastique de la vapeur lors même que vous le voudriez absolument, et vous met ainsi en garde contre toute imprudence, toute inadvertance. Il rend donc impossible toute chance d'explosion.

Ce qui précède pourrait suffire, je pense, pour vous convaincre de l'efficacité certaine du tube de sûreté, et légitimer d'une manière complète le nom d'*Inexplosibles* des bateaux de M. Gâche. Et cependant si le tube de sû-

reté suffisait pour garantir la chaudière de
toute explosion; il ne suffisait pas pour assurer
la marche régulière et constante du bateau.
Le tube de sûreté, si prompt à agir, agit
d'une manière si efficace qu'il ne pouvait être
la seule issue ménagée pour laisser échapper
la vapeur, lorsqu'elle ne passe plus dans le
corps de pompe, comme lorsqu'on s'arrête
aux escales ou qu'on attend le moment du dé-
part. Car toujours dans ces circonstances il
aurait fonctionné, la chaudière se serait vidée
et l'on n'aurait pu marcher. Il a donc fallu
adopter un autre appareil à la chaudière : cet
autre appareil n'est encore qu'une garantie de
plus; c'est une large soupape de sûreté. A la
partie supérieure droite de la chaudière est
pratiquée une ouverture circulaire de 0 mètre
18 de diamètre, comme l'orifice du tube de
sûreté. Cette ouverture est recouverte par une
plaque mobile chargée d'un poids que la faible
tension de la vapeur permet de prendre assez
faible, malgré les énormes dimensions de la
soupape. Alors toutes les fois que la machine
est arrêtée, que la vapeur ne trouvant plus
d'issue dans le corps de pompe reste enfermée
dans la chaudière, le chauffeur ouvre cette

soupape pour laisser échapper la vapeur ; et n'ayez pas peur qu'il y manque : il craindrait trop de voir fonctionner le tube de sûreté, de voir la chaudière se vider et d'être obligé de la remplir de nouveau. D'ailleurs la soupape s'ouvrirait d'elle-même, le poids qui la charge étant calculé de manière à la laisser se soulever un peu avant que le tube ne fonctionne ; et on peut être sûr à l'avance que jamais cette soupape ne se rouillèra par défaut de soin, que jamais elle ne contractera d'adhérence, que jamais elle ne sera surchargée.

Ainsi, dans tous les cas où pour les autres chaudières, il peut y avoir des causes imminentes de danger, il y a dans celles de M. Gâche deux énormes soupapes de 254 centimètres de surface, pouvant donner à la fois issue à la vapeur, ce qui est plus que suffisant pour rassurer complétement.

Je n'ajouterai plus qu'un mot. Il est si vrai que le tube de sûreté seul est une garantie certaine contre toute explosion, que, chaque jour, pour vider les chaudières des bateaux de M. Gâche, on ne fait autre chose que fixer la soupape, fermer tous les robinets et pousser activement le feu pour faire fonctionner le tube de sûreté. J'ai assisté plus d'une fois à cette opération qui, dans toute autre chaudière, serait une cause certaine d'explosion et de mort pour les spectateurs ; tandis que, dans les chaudières des *Inexplosibles*, elle ne peut faire naître la moindre appréhension.

(Extrait du LOIRET.*)*

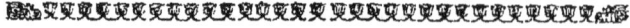

DE L'EXPLOSION

DES

CHAUDIÈRES A HAUTE PRESSION.

Encore sous l'impression pénible de la catastrophe d'Ancenis, nous hésiterions à saisir cette douloureuse actualité, pour nous occuper des causes d'un événement qui tient tout en émoi notre population, si nous ne devions faire céder des considérations d'estime et d'affection de personnes, à un intérêt d'humanité qui doit dominer tous les autres.

D'ailleurs, c'est bien moins à un défaut de vigilance de la part d'une entreprise industrielle dont la prospérité se liait si intimement à la sûreté des voyageurs qui se fiaient à sa sollicitude, qu'au vice du système des appareils mécaniques mis en usage par cette entreprise, qu'on doit attribuer ce malheur; on doit bien moins s'en prendre à cette compagnie qu'à l'impuissance d'une administration, ou qui a manqué d'expérience, ou qui n'a pas pu user de son autorité pour proscrire un système de machines que le gouvernement n'a pas voulu tolérer sur les bâtiments de l'Etat, et que, par une inexplicable inconséquence, on n'interdit pas à bord des bateaux appartenant aux entreprises particulières.

Quand parurent les règlements d'administration publique sur la police de ces bateaux, la navigation à la vapeur était, il est vrai, chez nous, à l'état d'enfance, ce qui explique, et excuse en même temps, l'imprévoyance qui présida à la confection de ces règlements. Mais, depuis, l'expérience des faits est venue faire jaillir la lumière sur ce qui était pour nous, il y a vingt ans à peine, encore dans les ténèbres. Malheureusement, l'administration n'a pas progressé comme la science.

Mais, quelque imparfaits que soient les règlements d'administration publique sur une matière qui touche de si près à la sûreté et à la vie des citoyens, encore est-il que s'ils eussent été observés avec plus de ponctualité, nous n'aurions pas à déplorer les événements du 13 septembre 1837, à Ingrande; du 27 avril 1838 et du 6 mars 1841, à Nantes ; et du 25 janvier 1842, à Ancenis.

Nous concevons que les mécaniciens ou les entreprises se soient dégagés de la responsabilité de ces accidents, en les attribuant à des causes fortuites, indépendantes de la confection des machines en elles-mêmes, ou de la surveillance dans leur fonctionnement. Il est cependant vrai de dire qu'on ne peut admettre ces excuses, qu'en accusant le système même des machines : c'est là l'unique objet de la dissertation que nous allons aborder.

Nous pensons, quelque abstrait que soit en apparence un pareil sujet, que l'intérêt encore tout palpitant qui s'y rattache, fixera l'attention publique, en même temps qu'il donnera à l'administration la mesure de la responsabilité dont l'opinion ne peut manquer, pour l'avenir, de la charger.

Lorsqu'on s'aperçut que les soupapes de sûreté inventées par Papin, n'empêchaient pas les explosions, on eut recours à plusieurs autres procédés mécaniques. On chercha, par exemple, à établir sur les chaudières des parties faibles, qui devaient céder à une tension déterminée. Des plaques en métal furent composées pour entrer en fusion à une température voisine de la température nécessaire pour produire la vapeur qui imprime aux machines la force motrice qui les fait agir. Enfin, on essaya de poser des barres de fer à l'intérieur des chaudières, sous les soupapes, de manière que leur dilatation devait soulever ces soupapes. Mais les explosions successives des chaudières à moyenne et à haute pression, démontrèrent l'insuffisance de ces précautions. Alors, trompés par le témoignage intéressé de ceux qui voulaient faire prendre le change sur les causes de ces événements, les théoriciens essayèrent de leur attribuer une autre origine, et l'on s'avisa de l'idée qu'une décharge électrique pouvait faire éclater une chaudière. On trouva encore ingénieux de dire que, dans la vapeur à une haute pression, il se formait un gaz propre à déterminer une explosion ; que l'eau se décomposait, et que, par l'effet de cette décomposition, les gaz s'enflammaient ; que l'hydrogène carboné, qui s'échappe de la houille en combustion, en se mêlant à l'intérieur des carneaux, à une certaine quantité d'air atmosphérique, pouvait produire un amalgame inflammable et détonnant. Toutes ces théories, plus ou moins ingénieuses, ont accrédité, parmi des hommes de bonne foi, une erreur qui devait retarder l'application d'un procédé efficace aux machines à vapeur, pour empêcher des accidents si propres à déconsidérer l'une des plus merveilleuses inventions de l'esprit humain.

On distingue trois sortes d'explosions. Les premières proviennent d'une augmentation subite de tension ; les secondes sont dues à un accroissement graduel de pression de la vapeur ; les troisièmes sont produites par l'engorgement de certaines parties des chaudières, où le sédiment s'accumule, faute de nettoyage fréquent de ces appareils.

Il y a explosion par augmentation subite de tension lorsque, par la négligence du chauffeur, ou, par l'effet d'une fuite, le niveau de l'eau, dans la chaudière, s'abaisse jusqu'à laisser à découvert le dessus des conduits par lesquels passe la flamme. Cette partie de la chaudière n'étant plus rafraîchie par le liquide, acquiert promptement une haute température : si elle atteint le rouge brun, et que, par une oscillation du bateau, l'eau contenue dans les parties

inférieures de la chaudière, recouvre acciden-
tellement la partie ainsi rougie, il y a production instantanée de vapeur et explosion,
qu'aucun des procédés dont nous avons parlé
ne peut empêcher.

L'explosion due à un accroissement graduel de pression, n'a jamais lieu que par
l'incurie des mécaniciens employés à bord des
bateaux, lorsque, dans le but d'augmenter
la force impulsive de leur machine et, par là,
d'accélérer instantanément la marche des
bateaux, ils surchargent les soupapes ; imprudence que la meilleure volonté des compagnies
ne peut le plus souvent empêcher. Comme on
utilise, dans ce cas, toute la vapeur que peut
produire l'appareil de vaporisation, on l'élève
souvent à une pression dont la puissance se
rapproche par trop de la force résistante de
la chaudière. Alors, si dans un moment d'ar-
rêt, le mécanicien néglige de soulever sa
soupape, il arrive, soit qu'il cherche à réparer son oubli, soit qu'il veuille remettre en
train sa machine, que la saccade produite par
la brusque issue qu'il donne à la vapeur,
fait céder la chaudière dans sa partie la plus
faible ; et, malheureusement, la chaudière

ne cède jamais, en ce cas, sans accident, lorsqu'elle fonctionne à moyenne ou haute pression.

Pour mettre sa responsabilité à couvert, le mécanicien ne manque jamais de *prouver* à l'autorité, incapable d'apprécier et de reconnaître par elle-même la cause du sinistre, que les soupapes n'étaient, en aucune façon, sur chargées ; alors que, pour les surcharger, il ne lui avait fallu autre chose qu'une clef, un marteau, ou tout autre outil qui s'était trouvé sous la main de l'imprudent conducteur de la machine.

La troisième espèce d'explosion, celle produite par *engorgement*, provient de négligence dans le nettoyage des chaudières.

En effet, il n'est pas besoin d'être initié aux combinaisons ou aux mystères des machines, pour comprendre que si les dépôts ou sédiments qui s'attachent et s'accumulent aux parois d'un tube par lequel passe la flamme des fourneaux, empêchent l'eau d'arriver sur la tôle qui reçoit l'action du feu, cette tôle ne doive bientôt rougir. On comprend de même que, n'ayant plus, dans cet état, sa force de résistance, elle doit céder sous la pression. En changeant ainsi de forme, elle éclate et laisse une issue meurtrière à l'eau et à la vapeur.

D'abord on avait considéré les explosions produites par une augmentation subite de tension, comme étant les seules dangereuses. On prétendait que les explosions dues à de simples déchirements de chaudières, ne donnant lieu qu'à des fuites plus ou moins sérieuses, ne pouvaient produire des accidents graves.

Ce raisonnement, appuyé sur les faits, était fondé, parce que, alors, les machines qui servaient, sur nos fleuves, à la navigation à la vapeur, étant de fabrique anglaise et toutes à *basse pression*, il arrivait bien qu'en voulant élever la tension, on déterminait des fuites : mais ces fuites, qui avaient aussi quelquefois pour cause l'usure des chaudières, ne produisaient aucun des ravages que nous avons vu depuis occasionnés par le système des machines importées des Etats-Unis.

En effet, depuis l'introduction funeste en France des machines à haute et moyenne pression, la question a tout-à-fait changé de face, et la démonstration successive des faits est venue nous apprendre que les ruptures de

chaudières, qu'on osait à peine appeler explosions, de la part des personnes qui sont le plus
prévenues contre la navigation à la vapeur ,
sont devenues les causes des événements les
plus déplorables, notamment sur notre
fleuve.

Nous allons démontrer pourquoi les explosions de chaudières construites sur le système
de moyenne et de haute pression sont si fu-
nestes ; tandis que les ruptures des chaudières
à basse pression, bien plus rares d'ailleurs ,
ne sont jamais suivies d'accidents sérieux.

Tout le monde sait que l'eau de rivière
entre en ébullition à 108 degrés centigrades.
C'est la température à laquelle sa vapeur a
assez de puissance pour soulever l'air et s'y
répandre : mais elle ne se vaporise, sous la
pression de l'air, qu'à cette température de 108
degrés. Si on lui oppose une résistance plus
grande que celle de l'atmosphère, il faut
élever sa température. Comme on peut l'augmenter jusqu'au rouge, en renfermant l'eau
dans des capacités assez résistantes pour empêcher sa vaporisation, on a divisé, par pressions, la force de sa vapeur à diverses températures ; et on est convenu de prendre pour

unité la pression atmosphérique. Ainsi, la vapeur est à une, deux ou trois atmosphères, lorsqu'elle est assez forte pour soutenir un poids égal à une, deux ou trois fois le poids de l'air pris au bord de la mer ; ou bien, cette vapeur est une, deux ou trois fois plus comprimée que celle qui se répand dans l'air, lorsqu'on fait bouillir un liquide à l'air libre. (1)

Il résulte de ce qui précède deux effets faciles à comprendre. Si, dans un vase, vous portez de l'eau à l'état d'ébullition, *sous la pression atmosphérique*, et que vous pratiquiez à ce vase une ouverture, le liquide s'en écoulera avec la simple vitesse due à la hauteur de l'eau prise au-dessus de l'ouverture pratiquée. Mais si vous fermez ce réservoir, et qu'avant d'y pratiquer une issue, vous portiez l'ébullition de votre eau, au lieu de 108 degrés centigrades, qui donnent une atmosphère, à 145 degrés, qui en donnent quatre, vous avez accumulé une masse de calorique capable de

(1) La pression atmosphérique, prise au bord de la mer, soutient, sous le vide, une colonne de mercure de 0,76 centimètres, ou est égale à un poids de 1 k. 033 par chaque centimètre carré.

vaporiser presque instantanément une grande partie de votre liquide, ce qui arrivera à l'instant où vous donnerez une issue libre à la vapeur qui, formée à la surface du liquide, s'opposait à sa vaporisation. Alors, il y aura bouleversement dans le liquide : ce ne sera plus avec la vitesse due à sa hauteur, prise au-dessus de l'ouverture de sortie, qu'il s'écoulera ; il se précipitera, au contraire, avec violence. C'est un ressort que vous avez bandé et qui se détend avec toute sa puissance. L'eau est alors, comme le dit Marestier, dans le cas d'un liquide contenant un gaz en dissolution, tel que la bière ou le vin mousseux ; dès qu'on ôte le bouchon du vase qui le renferme, une infinité de bulles, qui n'existaient pas jusqu'alors, envahissent le liquide, le mettent en effervescence et l'enflent au point d'en faire jaillir une grande partie hors du vase. Ainsi, dans le premier cas, vous avez fait écouler un liquide qui cède de la vapeur d'une force égale à la pression du *milieu*, ou de l'air, dans lequel il se répandait ; dans le second cas, en détruisant le milieu factice, qui était la vapeur formée sous l'envoppe de votre vase, et qui tenait votre eau liquide, vous avez rompu

l'équilibre, et, pour qu'il se rétablît, il a fallu
que l'eau cédât d'abord de la vapeur à quatre
atmosphères, puis à trois, puis à deux, enfin
à une.

On concevra donc que si l'on pouvait em-
ployer, dans des machines, la vapeur à la tension de l'air, il n'y aurait aucun danger, puis-
qu'elle ne pourrait être projetée; et on com-
prendra de même, que plus l'on s'écarte de
cette pression, plus le danger devient immi-
nent, puisque la vapeur est à une température plus élevée, sa quantité infiniment plus
grande et son écoulement beaucoup plus long.

C'est pour ces raisons que les accidents dont
nous déplorons encore aujourd'hui les funes-
tes effets, étaient pour ainsi dire inaperçus,
lorsqu'ils se manifestaient dans des machines
à basse pression, qui fonctionnaient à un quart
d'atmosphère. D'abord les fissures des chaudières étaient moins grandes, parce qu'elles
n'étaient que comme l'effet de la détente d'un
ressort tendu faiblement, lequel, en se déve-
loppant, ne produisait pas cette secousse qui
doit nécessairement continuer la rupture pendant un instant appréciable. Ensuite, la vapeur
était subitement écoulée parce que l'eau n'a-

44

vait que quelques degrés de chaleur à céder pour revenir à 108 degrés centigrades.

Il est facile, du reste, de se faire une juste idée de l'écoulement de la vapeur à différentes pressions. Qu'on examine, par exemple, celle qui sort des tuyaux de décharge des bateaux à haute et basse pression, lorsqu'ils arrivent à l'embarcadère, après avoir terminé leur voyage, et l'on jugera, par l'écoulement de la vapeur, de la différence de ces deux systèmes.

Il eût fallu, en important en France les machines à moyenne et haute pression, si fécondes, aux Etats-Unis, en événements de la nature de celui que nous déplorons, créer un moyen de sûreté efficace pour empêcher le système de ces machines de produire chez nous ses redoutables conséquences, moyen qui eût été indépendant de la négligence ou de l'impéritie d'un chauffeur, qui tient au bout de sa pelle la vie des voyageurs.

On peut s'étonner que le gouvernement, qui a eu le bon esprit de n'admettre, pour ses bâtiments, que des machines à basse pression, n'ait pas exigé que les chaudières à haute pression adoptées par les entreprises particulières, fussent au moins exemptes de toutes ces com-

binaisons vicieuses qui n'ont pas été prévues
dans les ordonnances et les instructions , imprévoyance qui ôte aux fonctionnaires chargés
de l'examen de ces appareils le pouvoir de les
répudier, encore qu'ils leur reconnaissent souvent les inconvénients et les dangers qui, plus
tard, doivent être constatés par des catastro-
phes. Tantôt c'est une forme qui empêche le
nettoyage fréquent des chaudières ; tantôt
c'est un vice de construction qui s'oppose à
ce qu'on les vérifie à l'intérieur, aussi souvent
que l'exige la prudence et que le comporte la
sûreté des voyageurs. Tantôt c'est un défaut de
corrélation entre la chaudière et la machine,
qui peut, à son tour, être la cause d'accidents
graves, et qui est toujours au moins un obstacle au bon service du bateau. Il y a donc, sur
ce point, nécessité absolue d'une refonte inté-
grale des règlements d'administration publique. Il y a surtout nécessité de se montrer
très-rigoureux sur la réception des machines
à moyenne ou haute pression; et si l'administration est impuissante, quant à présent, pour
les proscrire , il est indispensable qu'elle ne
les agrée qu'à des conditions telles qu'on ne
sera plus tenté de les préférer au système que

le gouvernement a jugé le meilleur et le plus sûr pour les bâtiments de l'Etat.

Disons à quel signe on reconnaît le degré de pression des machines à vapeur. Ces machines sont à basse pression, lorsque la tension de la vapeur ne dépasse pas un quart d'atmosphère ; elles sont à moyenne pression, quand elles ne fonctionnent pas à plus d'une atmosphère ; enfin, elles sont à haute pression, quand elles travaillent au-dessus d'une atmosphère. On en voit marcher avec de la vapeur portée jusqu'à sept atmosphères. Dans ce cas, les voyageurs se transportent d'un lieu à l'autre sur un volcan.

Les premières machines à haute pression qui furent appliquées, aux Etats-Unis, à la navigation, étaient d'Olivier Evans. Plusieurs raisons les firent adopter en France : elles étaient, dans leur confection, plus faciles d'exécution et, dans le commerce, d'un prix moins élevé. La théorie indiquait, d'ailleurs, une notable économie dans le combustible. C'en était assez pour accréditer un préjugé en leur faveur ; mais jusqu'à présent, l'imperfection des machines à haute pression et, plus encore, leur détérioration, qui est extrêmement prompte, ont laissé à l'état de problème l'économie promise sur la consommation de la houille. Il resta, pour de certains praticiens, la considération puisée dans la facilité d'exécution de ces machines ; et l'intérêt personnel mis de la sorte en jeu, on sut bien le colorer de nouveaux prétextes pour maintenir l'opinion favorable qui s'était d'abord attachée à l'adoption de la haute pression.

Le gouvernement lui-même, avant de se déclarer contre le système américain, ordonna une information *de commodo vel incommodo*, sur les machines à haute et basse pression ; et ce ne fut que lorsqu'il acquit la certitude que la durée de celles-ci était infiniment plus grande, et que, par l'emploi des autres, on n'obtenait aucune économie sur le combustible, qu'il se décida pour la basse pression.

Un dernier mot sur la préférence qu'on doit donner à ce dernier système ; c'est qu'il jouit en Angleterre d'une faveur exclusive, et que là où il y a des milliers de machines à vapeur, il est très-rare d'entendre parler d'explosions. La même faveur existe en Belgique, pays de grande industrie comme l'Angleterre, pour les machines à basse pression employées à la navigation.

Enfin, notons que toutes les explosions que nous avons eues, en France, à déplorer, n'ont

eu lieu que sur des bateaux à moyenne et
haute pression, et qu'aux États-Unis, où ce
système est seul en usage, les événements de
cette nature sont journaliers.

C. M.

(*Extrait de* L'OUEST, *du 3 février* 1842.)

APPENDICE.

———

Les démonstrations des deux savants pro-
fesseurs, MM. Leloup et Petit, quoique éma-
nant de la théorie, sont de nature à être com-
prises par tout le monde, et rendent inutile
tout commentaire sur l'inexplosibilité réelle
des chaudières de M. Gâche. Cependant nous
devons signaler un fait qui seul serait capable
de convaincre les personnes les plus incré-
dules, et montre la sécurité qu'on doit avoir
en voyageant sur les *Bateaux inexplosibles*.

Le 14 novembre 1839, par un fort vent
d'ouest, accompagné de pluie, l'inexplosible
l'Orléanais (n.° 1) aborda brusquement le
ponton de l'escale de Beaugency et faussa
une de ses roues ; le mécanicien et le chauffeur, sans songer à lever entièrement leur

soupape de sûreté, eurent l'imprudence de quitter la machine pour réparer cette avarie. Après un travail d'environ une demi-heure, à l'instant où quatre hommes qui étaient descendus dans la roue, et dont le poids avait donné une inclinaison sensible au bateau, remontaient sur le pont, un tumulte sourd, mais instantané, se fit entendre à l'intérieur de la chaudière, des bouffées de vapeur sortirent du tube de sûreté, et le chauffeur, qui était déjà parvenu jusqu'à ses fourneaux, vit l'eau de la chaudière se répandre sur les charbons enflammés ; il s'empressa de jeter les *feux bas*; mais il n'était plus temps. Lorsque la température fut assez basse pour permettre qu'on fît l'inspection de la chaudière, on trouva le cuivre d'un des conduits qui ravivent les foyers, *décapé* sur toute la surface supérieure; et plusieurs trous au-dessus de la grille prouvèrent évidemment que la surface totale de ce conduit avait été portée non-seulement à l'état d'incandescence, mais était même fondue dans les parties les plus voisines du feu.

Pendant l'absence du mécanicien et du chauffeur, la tension avait augmenté au point de faire fonctionner le tube de sûreté,

dont une des extrémités plonge, comme
on le sait, dans l'eau de la chaudière, jusqu'à
0 m. 05 au-dessus des conduits par lesquels passe
la flamme; il ne restait donc plus sur les conduits, qu'une couche d'eau de 0 m. 05 centimètres, qui devint insuffisante pour recouvrir
le conduit opposé au côté incliné du bateau,
pendant qu'on réparait la roue, mais qui vint
rejaillir sur ce même conduit qui était incandescent, lorsque le bateau reprit son équilibre. Certes, si la chaudière avait été privée
de son tube de sûreté, ou si le cuivre avait
eu une épaisseur de 0 m. 006 ou 0 m. 008 millimètres, qui est celle des chaudières ordinaires, l'explosion eût été inévitable; parce
qu'alors la quantité d'eau que le métal eût
vaporisée aurait été trois ou quatre fois plus
grande qu'elle ne le fût dans cette circons-
tance, puisque nous supposons son poids
trois ou quatre fois plus fort que celui du
conduit de la chaudière de l'*Orléanais*. Dans
ce cas, le réservoir vide de vapeur et le tube
de sûreté n'eussent pas suffi à l'énorme quantité de vapeur produite instantanément, tandis que la même surface, avec une épaisseur de
0 m. 002 millimètres, ne produisit qu'une pression extrêmement faible; car si elle eût été

seulement de 1/4 d'atmosphère, l'eau, au lieu
de se répandre sur les charbons, aurait été
projetée sur le chauffeur qui se trouvait à
peine à un mètre de la chaudière.

Nous avons cru nécessaire de consigner ce
fait, par cela même que n'ayant eu aucune
importance aux yeux des voyageurs qui étaient
présents, il est demeuré jusqu'à présent presque ignoré : il est à lui seul la démonstration
la plus complète de l'*inexplosibilité* des bateaux de M. Gâche aîné.

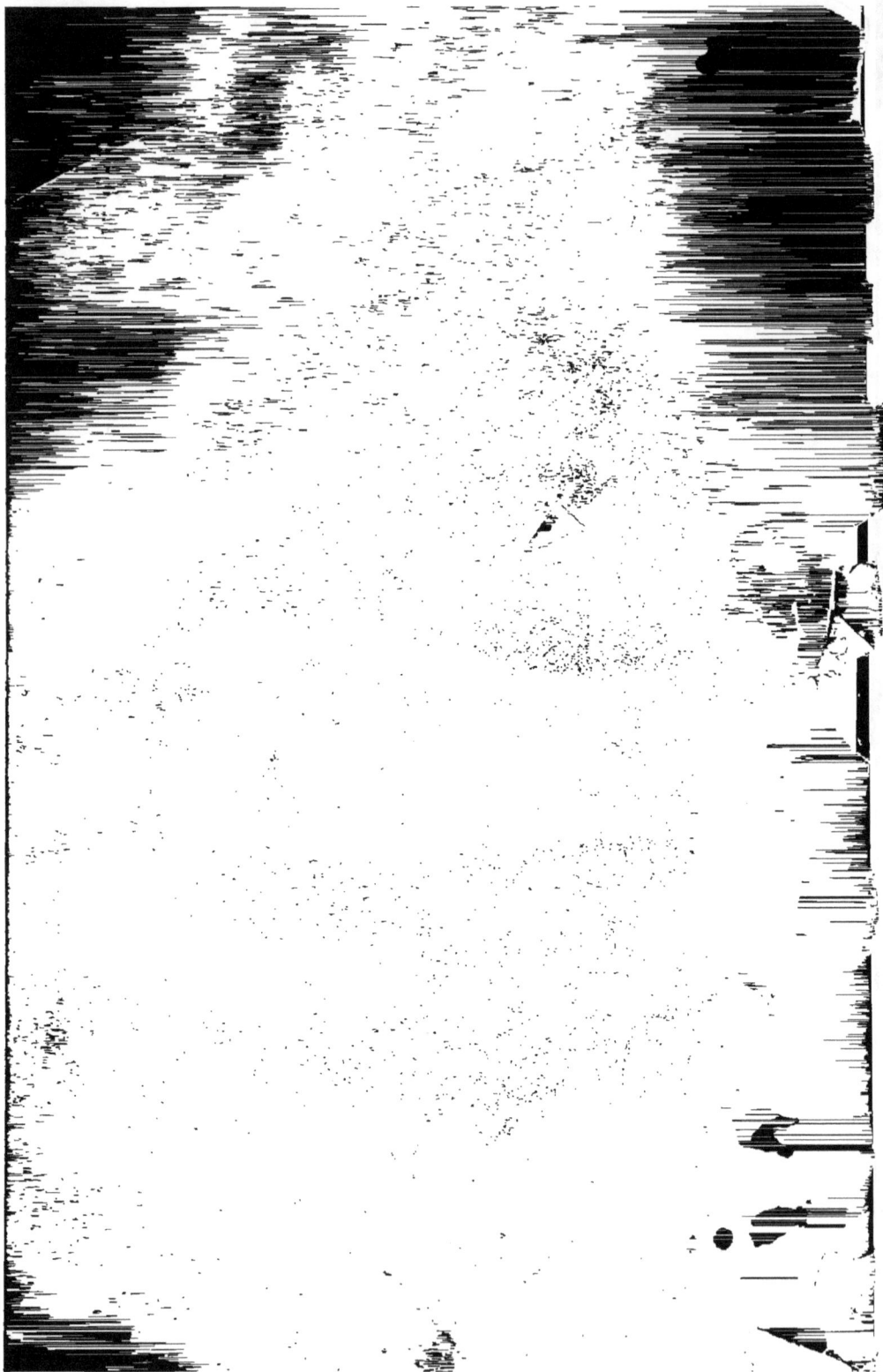

www.ingramcontent.com/pod-product-compliance
Lightning Source LLC
Chambersburg PA
CBHW050515210326
41520CB00012B/2316